巧克力轻烘焙

[日]村吉雅之 著

戴枫 译

CHOCOLATE

BAKE

北京出版集团公司
北京美术摄影出版社

写在前面

现在回想起来，似乎我从小的记忆就全被点心占满了。
特别是母亲用烤面包机烤给我吃的点心，那是我的最爱。
其中意义最为特殊的是"巧克力片曲奇"，
我实在太喜欢在原味曲奇中时不时吃出巧克力片的那种感觉，
我甚至还干过把巧克力片全都抠出来，攒着最后一起吃掉这种事，
在现在看来，
肯定要臭骂自己一顿。

如今我也学会了做点心，
而令人高兴的是，
这次要出关于"巧克力甜点"的书了。

不过，我自己说这样的话虽然有点奇怪……
平时每天都这么忙，还要抽空做点心，会不会有些麻烦？
再加上巧克力甜点得注意温度、状态等，
更别说还得特意跑去买"烘焙专用巧克力"等材料，实在是很烦琐。
在开吃之前，
被选购材料之复杂和实际制作之困难吓退的人想必是有不少了吧。

而正因如此，
本书才希望收录用市售的板状巧克力也能轻松制作的"巧克力甜点"。
目标是囊括那些"搅一搅再送烤就能好"，
或者"哪怕搞错了一点点也能成型"的，
配方简单自不必说，就算过程中有一些小小的失败，
最后也能一边笑着说"真好吃啊！"一边享用的家常点心食谱。

第一次挑战亲手制作点心，
和重要的人一起吃，希望对方能够高兴……
像这样与点心一同度过的时间，
如果能成为将本书拿在手中的人们心中的重要回忆，
我会很开心的。

村吉雅之

目　录

蛋糕

布朗尼

玛芬

磅蛋糕

法式巧克力蛋糕

本书中的约定俗成

※ 1小匙为5ml，1大匙为15ml。

※ 烤箱要事先预热到指定的温度。本书使用的主要是电烤箱，若读者使用燃气烤箱，请将烘焙时间适当缩短3~5分钟。另外，根据烤箱型号不同，烘焙完成的时机会有差距，因此了解你烤箱的"个性"很重要。若不同部位出现烤色差异，请将正在烘焙的点心位置前后调换，即可控制上色均匀漂亮。

※ 书中提到的微波炉（弱火）功率为200W。微波炉也会因型号不同加热状况有所区别，请一边观察一边使用。

※ 配方中的巧克力（板状）重量为黑巧克力1板50g，白巧克力1板40g。

※ 常温下，曲奇和司康饼的保质期为1周；磅蛋糕为3~4天；玛芬为2~3天。此外，布朗尼和法式巧克力蛋糕在冷藏状态下可保存1周。但这些数据仅为估算，成品还是建议尽快食用完毕。

关于巧克力轻烘焙

用板状巧克力即可轻松制作

　　本书使用的巧克力原材料均为超市或便利店就可买到的板状巧克力。它的味道男女老少皆可接受，且方便料理。参照本书中的食谱，不使用高端的"烘焙专用巧克力"也能烤出香气扑鼻、风味绝佳的点心。

不需要特殊的食材和厨具

　　就算好不容易提起做点心的念头，却总是为无法备齐食材和厨具而苦恼及至头疼。但是本书用到的都是很容易入手的身边材料，轻轻松松就能全部买到。P49~P51 也记载了食材和厨具的详细要求，请配合具体食谱查看。

只需搅拌，非常简单！

"蛋黄和蛋清分开打发"或者"蛋清打到8分发"等步骤总是有些麻烦，甚至有时候它们会成为失败的主因。但是本书只需要你把材料按顺序倒进碗里再搅拌均匀即可，没有任何困难的步骤。就算是第一次，也能享受制作的乐趣。

让你想要几次三番制作的美味

简简单单就能做好，不会失败，而且好吃得让人惊讶。所以，总是会再想做来吃，这就是本书的魅力。刚烤好的香味与酥脆的口感，正是亲手制作才能享受的奢侈体验。用点心奖励自己自不必说，它们也可以成为一份赠予珍视之人的伴手礼。

备好材料

搅一搅

倒进模具

再来烤！

……只需这轻松几步，
一份"巧克力甜点"就完成啦。

甜饼

质朴的味道让人欢欣，

精致的外表引人雀跃……

一口咬下时的松脆，

以及渐渐融化消散的口感，

能让胃和心房都被幸福填满。

这毫不逊色于西饼店的味道，在自己家中也能体会哦。

滴曲奇

这种曲奇，只要将拌好的原料拍在盘中，再送入烤箱即可。
就算是烘焙新手也能轻松做出，这正是它的优点。
因为一次可以做很多，所以它在礼品界也非常活跃哦！

格兰诺拉黑巧片曲奇

百吃不厌的质朴味道广受欢迎！
格兰诺拉麦片带来的松脆口感也令人相当满足。

[**材料**] 13~14 片用量

黑巧克力 ··· 1 板

A 低筋面粉 ··· 130g

泡打粉 ··· 1/3 小匙

B 鸡蛋 ··· 1 个

砂糖 ··· 40g

盐 ··· 1 小撮

牛奶 ··· 2 小匙

米糠油（或色拉油）··· 50g

格兰诺拉麦片 ··· 100g

[**事前准备**]

• 黑巧克力切碎。

• **A** 中材料混合后过筛。

[**做法**]

1.混匀

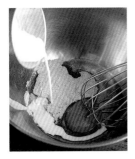   

按食谱中记载的顺序，将 **B** 中材料依次加入不锈钢碗。

用打蛋器搅拌。

加入米糠油，拌匀。

加入 **A** 中材料后，用胶铲快速搅拌至粉状物略有残留的程度（面糊）。

2.调整形状

3.烤制

加入格兰诺拉麦片和黑巧克力碎，用胶铲不断将面糊捞起，拍在碗边，令面糊与固体材料均匀混合。

用汤勺舀起 3~4cm 大的面团，隔开空隙排列在铺好烘焙纸的烤盘上。

用餐叉背面按压面团中央，使其贴紧盘面，并调整形状，令曲奇直径在 5~6cm。

送入预热至 180℃ 的烤箱内烘烤 20 分钟左右。之后取出烤盘放凉即可。

滴曲奇
02#　柑橘果酱白巧片曲奇

饼干本身的苦味与奶香四溢的白巧克力一拍即合。
在正中央涂上柑橘果酱，外观顿时雍容华贵。

[材料] 13~14 片用量

白巧克力 … 1 板
A 低筋面粉 … 160g
　可可粉 … 20g
　泡打粉 … 1/3 小匙
B 鸡蛋 … 1 个
　砂糖 … 40g
　盐 … 1 小撮
　牛奶 … 2 小匙
米糠油（或色拉油）… 50g
柑橘果酱 … 50g

[事前准备]

• 白巧克力切碎。
• **A** 中材料混合后过筛。

[做法]

1　将 **B** 中材料按顺序加入不锈钢碗，用打蛋器搅拌后，倒入米糠油拌匀。加入 **A** 中材料，用胶铲快速搅拌至粉状物略有残留的程度（面糊），倒入白巧克力碎，用胶铲不断将面糊拌起，拍在碗边，令面糊与固体材料均匀混合。

2　用汤勺舀起 3~4cm 大的做法 **1** 中的面团，隔开空隙排列在铺好烘焙纸的烤盘上。用餐叉背面按压面团，使其贴紧盘面，并将形状调整为直径 5~6cm 的圆形。之后，在曲奇中心继续按出陷坑，填上 1/2 小匙柑橘果酱。

3　将做法 **2** 中准备好的曲奇送入预热至 180℃ 的烤箱内烘烤 20 分钟左右。之后取出烤盘放凉即可。

滴曲奇
03#　摩卡黑巧片曲奇

柔和的咖啡香气，让美味更上一层楼！
与黑巧克力的味道相辅相成，把甜度控制得刚刚好。

[材料] 13~14 片用量

黑巧克力 … 1 板
A 低筋面粉 … 160g
　泡打粉 … 1/3 小匙
B 咖啡粉、牛奶 … 各 2 小匙
C 鸡蛋 … 1 个
　砂糖 … 40g
　盐 … 1 小撮
米糠油（或色拉油）… 50g

[事前准备]

• 黑巧克力切碎。
• **A** 中材料混合后过筛。
• 用 **B** 中牛奶将咖啡粉完全溶解备用。

[做法]

1　按 **C**、**B** 中材料的顺序分别加入不锈钢碗，用打蛋器搅拌后倒入米糠油，再次拌匀。加入 **A** 中材料，用胶铲快速搅拌至粉状物略有残留的程度（面糊），倒入黑巧克力碎，用胶铲不断将面糊拌起，拍在碗边，令面糊与固体材料均匀混合。

2　用汤勺舀起 3~4cm 大的做法 **1** 中的面团，隔开空隙排列在铺好烘焙纸的烤盘上。用餐叉背面按压面团，使其贴紧盘面，并将形状调整为直径 5~6cm 的圆形。

3　将做法 **2** 中准备好的曲奇送入预热至 180℃ 的烤箱内烘烤 20 分钟左右。之后取出烤盘放凉即可。

花生酱黑巧片曲奇

花生酱和花生粒双拳出击。
享受多姿多彩、香醇浓厚的绝佳风味。

[**材料**] 13~14 片用量

黑巧克力 … 1 板

A 低筋面粉 … 140g

▌ 泡打粉 … 1/3 小匙

B 鸡蛋 … 1 个

▌ 砂糖 … 40g

▌ 盐 … 1 小撮

▌ 牛奶 … 2 小匙

花生酱（无糖）… 40g

米糠油（或色拉油）… 20g

烘焙花生粒 … 30g

[**事前准备**]

• 黑巧克力切碎。

• **A** 中材料混合后过筛。

[**做法**]

1 将 **B** 中材料按顺序加入不锈钢碗，用打蛋器搅拌后加入花生酱和米糠油，拌匀。加入 **A** 中材料，用胶铲快速搅拌至粉状物略有残留的程度（面糊），倒入切碎的黑巧克力和烘焙花生粒，用胶铲不断将面糊拌起，拍在碗边，令面糊与固体材料均匀混合。

2 用汤勺舀起 3~4cm 大的做法 **1** 中的面团，隔开空隙排列在铺好烘焙纸的烤盘上。用餐叉背面按压面团，使其贴紧盘面，并将形状调整为直径 5~6cm 的圆形。

3 将做法 **2** 中准备好的曲奇送入预热至 180℃ 的烤箱内烘烤 20 分钟左右。之后取出烤盘放凉即可。

脆片滴曲奇

原料只使用蛋清，造就了它香脆的口感，好吃听得见。
就算同样是滴曲奇，风味也迥然不同！
由于制作方法都很简单，想要同时享受两种美味也完全OK。

橙子可可脆片曲奇

滴曲奇
05#

橙子与可可组成的绝妙拍档，极易让人沉溺其中。
咬下不同部位时口感会有微妙变化也是它的一大魅力。

[材料] 10~12 片用量

烘焙扁桃仁…50g

A 低筋面粉 … 30g
   可可粉 … 1.5 小匙

蛋清 … 1/2 个（约 20g）

细砂糖 … 100g

碎橙皮 … 1 个橙子的分量

[事前准备]

• 烘焙扁桃仁切碎。
• **A** 中材料混合后过筛。

[做法]

1 将蛋清和细砂糖倒入不锈钢碗，用胶铲搅匀。加入 **A** 中材料，同时加入碎橙皮，用胶铲快速搅拌至粉状物略有残留的程度（面糊），倒入切碎的烘焙扁桃仁块，搅拌使其与面糊充分混合。

2 用大茶匙① 舀起面糊（不必太多，接近 1 满匙即可），隔开空隙排列在铺好烘焙纸的烤盘上。

3 将做法 **2** 中准备好的曲奇送入预热至 180℃ 的烤箱内烘烤 20 分钟左右。之后取出烤盘放凉。

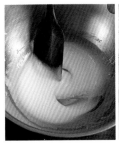

每只鸡蛋能提取的蛋清量不等，请注意将总量控制在 20g 左右。按顺序加入所有材料并拌匀，拌到面糊黏稠又略硬即可。

面团烤制后直径会自行扩张到 5cm 左右，所以不需要特地用餐叉压平。每团面糊一定要隔开较大距离，如果烤盘一次装不下，请多次分批烤制。另外，在分批烤制的等待过程中，碗里剩余的面糊可能会失去水分而变干，这时候用湿毛巾或保鲜膜盖好就可以了，不需要冷藏。

---

① 量取原材料时使用的茶匙，非汤匙。目录处已写明 1 大匙约为 15ml。下同。——译者注

澳洲坚果椰子脆片曲奇

咬上一口，它的美味便会让你无法自持地再来一块。
椰子搭配澳洲坚果的口感与风味也叫人上瘾。

[材料] 10~12 片用量

烘焙澳洲坚果 … 50g

A 低筋面粉 … 30g

  ▎可可粉 … 1.5 小匙

蛋清 … 1/2 个（约 20g）

细砂糖 … 100g

椰丝 … 30g

[事前准备]

• 烘培澳洲坚果切碎。
• **A** 中材料混合后过筛。

[做法]

1 将蛋清和细砂糖倒入不锈钢碗，用胶铲搅匀。
加入 **A** 中材料，用胶铲快速搅拌至粉状物略
有残留的程度（面糊），倒入烘焙澳洲坚果碎
和椰丝，搅拌使其与面糊充分混匀。

2 用大茶匙舀起面糊（不必太多，接近 1 满匙
即可），隔开空隙排列在铺好烘焙纸的烤盘上。

3 将做法 **2** 中准备好的曲奇送入预热至 180℃
的烤箱内烘烤 20 分钟左右。之后取出烤盘
放凉。

冰柜曲奇

进烤箱之前的冷藏过程，让它集"酥脆"与"入口即化"于一体。
另外在搅拌时，要注意用力拍压面团，排出内部的气泡哦！
只有这样，出炉的成品外观才会平整光滑，赏心悦目。

可可曲奇

做冰柜曲奇，要用筷子压紧压实，让形状规整好看，
这一点非常重要！最终成品的卖相会大不相同哦。

[材料] 20~22 片用量

A 低筋面粉 ⋯ 80g
  可可粉 ⋯ 20g
无盐黄油 ⋯ 60g

B 砂糖 ⋯ 30g
  盐 ⋯ 1 小撮
  蛋黄 ⋯ 1 个
蛋清 ⋯ 1 个
细砂糖 ⋯ 适量

[事前准备]

• **A** 中材料混合后过筛。
• 无盐黄油用微波炉弱火加热
  30~40 秒至软化。

[做法]

1.混匀

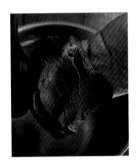

2.调整形状

软化后的无盐黄油倒入
不锈钢碗，将 **B** 中材料
按顺序加入，每加一种
便用打蛋器搅匀。之后
加入 **A** 中材料，用胶铲
搅拌至没有粉粒。

继续用胶铲不断将原料
拍在碗边拌匀。

搅拌到用手抓起面团时
不会粘在手上即可。

将面团调整成棒状。

3.烤制

取烘焙纸包好。用一根
长筷子抵住面团，扯动
下方的烘焙纸，将其形
状整理为直径约 3cm 的
圆柱，送入冰箱冷藏 2
小时以上。

取出做法 **2** 中的面团，
在表面薄刷一层蛋清。

滚或撒上一层细砂糖。

面团切成 1cm 左右厚片，
排列在铺好烘焙纸的烤
盘上，送入预热至 170℃
的烤箱内烘烤 20 分钟左
右。之后取出烤盘放凉
即可。

02# 奶酪白芝麻曲奇

甜度适中，内含浓郁奶酪和醇香白芝麻风味的咸曲奇。
越是品尝，越会被其绝妙的口感俘获，一发不可收拾。

[材料] 20~22 片用量

A 低筋面粉 ⋯ 75g
可可粉 ⋯ 20g
无盐黄油 ⋯ 60g
B 砂糖 ⋯ 20g
盐 ⋯ 1 小撮
蛋黄 ⋯ 1 个
奶酪粉 ⋯ 25g
炒白芝麻 ⋯ 15g

[事前准备]

• **A** 中材料混合后过筛。
• 无盐黄油用微波炉弱火加热 30~40 秒至软化。

[做法]

1 软化后的无盐黄油倒入不锈钢碗，将 **B** 中材料按顺序加入，每加一种便使用打蛋器搅匀。之后加入 **A** 中材料、奶酪粉、炒白芝麻，用胶铲搅拌至没有粉粒后，继续用胶铲不断将原料拍在碗边拌匀。

2 将做法 **1** 中的面团调整成棒状，取烘焙纸包好。用一根长筷子抵住面团，扯动下方的烘焙纸，将其形状整理为直径约 3cm 的圆柱，送入冰箱冷藏 2 小时以上。

3 取出做法 **2** 中的面团，切成 1cm 厚片，排列在铺好烘焙纸的烤盘上，送入预热至 170℃的烤箱内烘烤 20 分钟左右。之后取出烤盘放凉即可。

03# 薄荷扁桃仁曲奇

使用的坚果及茶叶种类可以按个人喜好随意替换。
改变香气和风味，探索自己喜爱的搭配吧！

[材料] 20~22 片用量

烘焙扁桃仁 ⋯ 30g
A 低筋面粉 ⋯ 75g
可可粉 ⋯ 20g
无盐黄油 ⋯ 60g
B 砂糖 ⋯ 30g
盐 ⋯ 1 小撮
蛋黄 ⋯ 1 个
薄荷茶叶 ⋯ 1 茶包（约 2g）
蛋清 ⋯ 1 个
细砂糖 ⋯ 适量

[事前准备]

• 烘焙扁桃仁切碎。
• **A** 中材料混合后过筛。
• 无盐黄油用微波炉弱火加热 30~40 秒至软化。

[做法]

1 软化后的无盐黄油倒入不锈钢碗，将 **B** 中材料按顺序加入，每加一种便使用打蛋器搅匀。加入 **A** 中材料及薄荷茶叶，用胶铲搅拌至没有粉粒后，继续用胶铲不断将原料拍在碗边拌匀，同时加入烘焙扁桃仁碎，令面糊与固体材料均匀混合。

2 将做法 **1** 中的面团调整成棒状，取烘焙纸包好。用一根长筷子抵住面团，扯动下方的烘焙纸，将其形状整理为直径约 3cm 的圆柱，冰箱冷藏 2 小时以上。

3 取出做法 **2** 中的面团，在表面薄刷一层蛋清后，滚或撒上一层细砂糖。面团切成 1cm 左右厚片，排列在铺好烘焙纸的烤盘上，送入预热至 170℃的烤箱内烘烤 20 分钟左右。之后取出烤盘放凉即可。

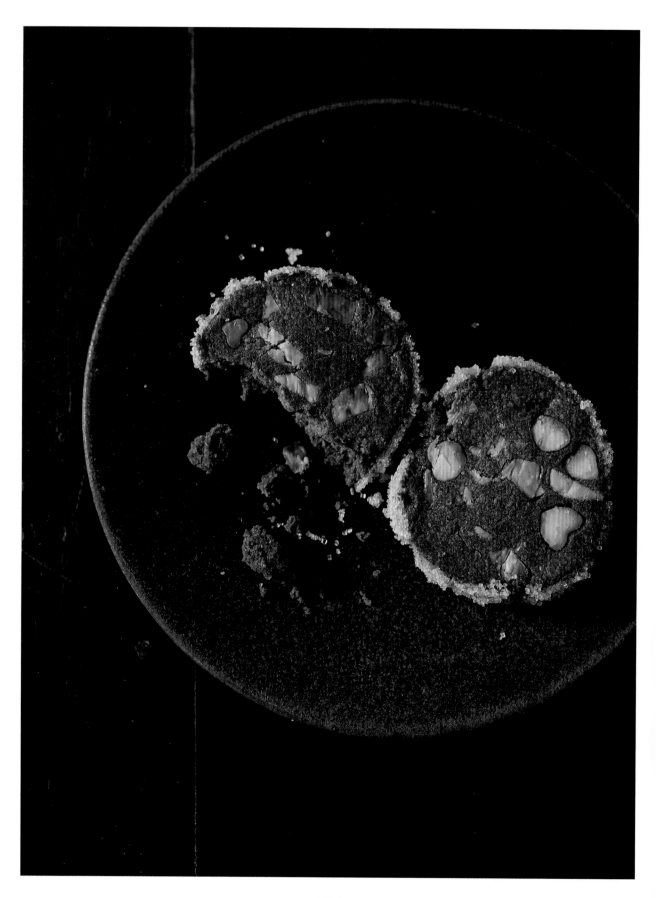

白巧片黄豆粉曲奇

黄豆粉那令人怀念的甜味，男女老少都爱它。
而开心果那鲜亮的嫩绿色更是它的加分项。

[材料] 20~22 片用量

白巧克力 … 1 板

烘焙开心果 … 20g

A 低筋面粉 … 75g
  黄豆粉 … 20g

无盐黄油 … 60g

B 砂糖 … 30g
  盐 … 1 小撮
  蛋黄 … 1 个

蛋清 … 1 个

细砂糖 … 适量

[事前准备]

- 白巧克力、烘焙开心果切碎。
- **A** 中材料混合后过筛。
- 无盐黄油用微波炉弱火加热 30~40 秒至软化。

[做法]

1 软化后的无盐黄油倒入不锈钢碗，将 **B** 中材料按顺序加入，每加一种便用打蛋器搅匀。加入 **A** 中材料，用胶铲搅拌至没有粉粒后，继续用胶铲不断将原料拍在碗边拌匀，同时加入白巧克力碎和烘焙开心果碎，令面糊与固体材料均匀混合。

2 将做法 **1** 中的面团调整成棒状，取烘焙纸包好。用一根长筷子抵住面团，扯动下方的烘焙纸，将其形状整理为直径约 3cm 的圆柱，送入冰箱冷藏 2 小时以上。

3 取出做法 **2** 中的面团，在表面薄刷一层蛋清后，滚或撒上一层细砂糖。面团切成 1cm 左右厚片，排列在铺好烘焙纸的烤盘上，送入预热至 170℃ 的烤箱内烘烤 20 分钟左右。之后取出烤盘放凉即可。

榛子黑巧裹层曲奇

05#

坚果与黑巧形成的绝妙味觉平衡，造就了这款曲奇的千姿百态。
要问谁和香草甜饼最为相配，那自然要数醇香又味苦的黑巧啦。

[材料] 20~22 片用量

低筋面粉 … 110g

香草棒 (Vanilla Bars) … 1/2 根

无盐黄油 … 60g

A 砂糖 … 30g

┃ 盐 … 1 小撮

┃ 蛋黄 … 1 个

烘焙榛子仁 … 30g

黑巧克力 … 2 板

[事前准备]

• 低筋面粉过筛。

• 香草棒竖着切开，抠出香草种子
  备用。

• 无盐黄油用微波炉弱火加热
  30~40 秒至软化。

[做法]

1 软化后的无盐黄油倒入不锈钢碗，将
A 中材料按顺序加入，每加一种便用
打蛋器搅匀。加入低筋面粉，用胶铲
搅拌至没有粉粒后，继续用胶铲不断
将原料拍在碗边拌匀，同时加入烘焙
榛子仁、香草种子，令面糊与固体材
料均匀混合。

2 将做法 **1** 中的面团调整成棒状，取烘
焙纸包好。用一根长筷子抵住面团，
扯动下方的烘焙纸，将其形状整理成
尺寸约为 2cm × 4cm × 20cm 的长方
体，冰箱冷藏 2 小时以上。

3 取出做法 **2** 中的面团，切成 1cm 左
右厚片，排列在铺好烘焙纸的烤盘上，
送入预热至 170℃的烤箱内烘烤 20 分
钟左右。之后取出烤盘放凉。

4 黑巧克力掰碎加入大碗，隔水加热至
熔化。取做法 **3** 中的曲奇，蘸上一半
巧克力酱后排列在烘焙纸上，充分晾
干即可。

要点

　　巧克力酱也可以像
P31 一样斜着蘸！晾干时，
隔开距离排放在烘焙纸上
就不用担心曲奇之间黏在
一起，容易取下。另外，
根据个人喜好，如果在巧
克力酱中加入适量米糠油，
可以稍稍增强巧克力裹
层表面的光泽，让成品更
好看。

06# 红茶白巧裹层曲奇

口感丝滑，回味清爽的红茶曲奇最是美味。
再裹上一层白巧克力，完成度比店售商品毫不逊色。

[材料] 20~22 片用量

低筋面粉 … 110g
无盐黄油 … 60g
A 细砂糖 … 30g
　蛋黄 … 1 个
红茶茶叶（伯爵红茶）… 1 茶包（约 3g）
白巧克力 … 2 板

[事前准备]

• 低筋面粉过筛。
• 无盐黄油用微波炉弱火加热
　30~40 秒至软化。

[做法]

1 软化后的无盐黄油倒入不锈钢碗，将 **A** 中材料按顺序加入，每加一种便使用打蛋器搅匀。加入低筋面粉，用胶铲搅拌至没有粉粒后，加入红茶茶叶，继续用胶铲不断将原料拍在碗边拌匀。

2 将做法 **1** 中的面团调整成棒状，取烘焙纸包好。用一根长筷子抵住面团，扯动下方的烘焙纸，将其形状整理成尺寸约为 2cm×4cm×20cm 的长方体，冰箱冷藏 2 小时以上。

3 取出做法 **2** 中的面团，切成 1cm 左右厚片，排列在铺好烘焙纸的烤盘上，送入预热至 170℃的烤箱内烘烤 20 分钟左右。之后取出烤盘放凉。

4 白巧克力掰碎加入大碗，隔水加热至熔化。取做法 **3** 中的曲奇蘸上一半白巧克力酱后排列在烘焙纸上，充分晾干即可。

07# 焙茶白巧裹层曲奇

焙茶的茶叶要事先磨碎哦！
口感与香气更上一层楼的它，入口便让人为之沉迷。

[材料] 20~22 片用量

焙茶茶叶 … 1 茶包（约 3g）
低筋面粉 … 110g
无盐黄油 … 60g
A 砂糖 … 30g
　蛋黄 … 1 个
白巧克力 … 2 板

[事前准备]

• 焙茶茶叶装入捣臼，细细磨碎。
• 低筋面粉过筛。
• 无盐黄油用微波炉弱火加热 30~
　40 秒至软化。

[做法]

1 软化后的无盐黄油倒入不锈钢碗，将 **A** 中材料按顺序加入，每加一种便使用打蛋器搅匀。加入低筋面粉，用胶铲搅拌至没有粉粒后，加入焙茶茶叶碎，继续用胶铲不断将原料拍在碗边拌匀。

2 将做法 **1** 中的面团调整成棒状，取烘焙纸包好。用一根长筷子抵住面团，扯动下方的烘焙纸，将其形状整理成尺寸约为 2cm×4cm×20cm 的长方体，冰箱冷藏 2 小时以上。

3 取出做法 **2** 中的面团，切成 1cm 左右厚片，排列在铺好烘焙纸的烤盘上，送入预热至 170℃的烤箱内烘烤 20 分钟左右。之后取出烤盘放凉。

4 白巧克力掰碎加入大碗，隔水加热至熔化。取做法 **3** 中的曲奇，斜着蘸上一半白巧克力酱后排列在烘焙纸上，充分晾干即可。

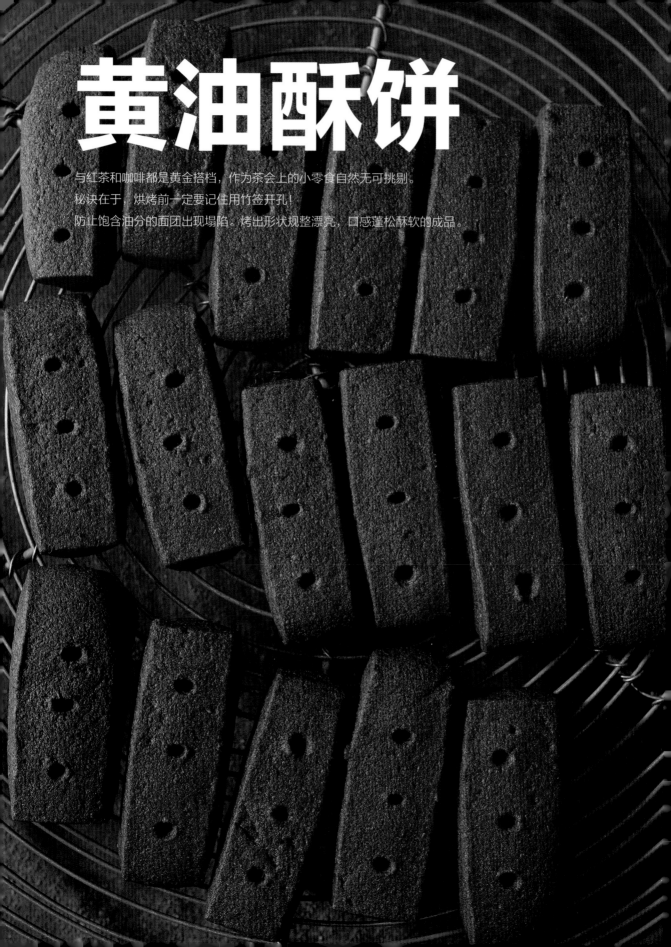

黄油酥饼

与红茶和咖啡都是黄金搭档，作为茶会上的小零食自然无可挑剔。

秘诀在于，烘烤前一定要记住用竹签开孔！

防止饱含油分的面团出现塌陷。烤出形状规整漂亮，口感蓬松酥软的成品。

可可黄油酥饼

因为使用糖粉，它的甜味纯净无瑕，不含一丝杂质！
为了保证外形漂亮，从冰箱取出后要尽快做进一步处理。

[材料] 18~20 块用量

A 低筋面粉 … 60g
扁桃仁粉 … 15g
可可粉 … 5g
无盐黄油 … 50g

B 糖粉 … 20g
盐 … 1 小撮
牛奶 … 1 小匙

[事前准备]

• **A** 中材料混合后过筛。
• 无盐黄油用微波炉弱火加热 30~40 秒至软化。

[做法]

1.混匀

软化后的无盐黄油倒入不锈钢碗，将 **B** 中材料按顺序加入。

每加一种便用打蛋器搅匀。

加入 **A** 中材料，用胶铲搅拌至没有粉粒后，继续用胶铲不断将原料拍在碗边拌匀，直到触摸时面团不会粘在手上为止。

2.冷藏

准备两张烘焙纸，把面团揉成球状置于其中一张烘焙纸上，再盖上另一张。用手掌把面团压成厚度约 1cm，长宽约 10cm×15cm 的长方形面饼，连烘焙纸一起送入冰箱冷藏 1 小时以上。

3.烤制

取出冷藏的面团，横向切成两半，再切作 1.5cm 宽的棒状。

排列在铺好烘焙纸的烤盘上，每块用竹签扎 3 个小孔。

送入预热至 170℃ 的烤箱内烘烤 25 分钟左右。之后取出烤盘放凉即可。

黑芝麻白巧黄油酥饼

香气四溢的芝麻，加上甘甜的白巧克力，堪称一绝！
它们奏出了美妙的味觉和弦，还请务必吃个痛快。

[材料] 约 16 块用量

白巧克力 … 1 板

A 低筋面粉 … 70g

扁桃仁粉 … 10g

无盐黄油 … 50g

B 糖粉 … 20g

盐 … 1 小撮

牛奶 … 1 小匙

炒黑芝麻 … 2 小匙

[事前准备]

• 白巧克力切碎。

• **A** 中材料混合后过筛。

• 无盐黄油用微波炉弱火加热 30~40 秒至软化。

[做法]

1 软化后的无盐黄油倒入不锈钢碗，将 **B** 中材料按顺序加入，每加一种便用打蛋器搅匀。加入 **A** 中材料，用胶铲搅拌至没有粉粒后，继续用胶铲不断将原料拍在碗边拌匀，倒入白巧克力碎、炒黑芝麻，与面团均匀混合。

2 准备两张烘焙纸，把做法 **1** 中的面团揉成球置于其中一张烘焙纸上，再盖上另一张。用手掌把面团压成厚度约 1cm，长宽约 10cm×15cm 的长方形面饼，连烘焙纸一起送入冰箱冷藏 1 小时以上。

3 取出做法 **2** 中的面团，横、竖各划 3 刀，均匀切作 16 等份，排列在铺好烘焙纸的烤盘上，每块用竹签扎 4 个小孔，送入预热至 170℃ 的烤箱内烘烤 25 分钟左右。之后取出烤盘放凉即可。

香辛可可黄油酥饼

你将沉迷于它在舌尖渐渐融化的轻盈口感。
甘甜中带着苦味，再加上辛辣的香气，让人百吃不厌。

[材料] 约 16 块用量

A 低筋面粉 … 55g

扁桃仁粉 … 15g

可可粉 … 5g

肉桂粉、肉豆蔻粉 … 各 1/2 小匙

无盐黄油 … 50g

B 砂糖 … 20g

盐 … 1 小撮

牛奶 … 1 小匙

黑胡椒碎 … 少许

[事前准备]

• **A** 中材料混合后过筛。

• 无盐黄油用微波炉弱火加热 30~40 秒至软化。

[做法]

1 软化后的无盐黄油倒入不锈钢碗，将 **B** 中材料按顺序加入，每加一种便用打蛋器搅匀。加入 **A** 中材料，用胶铲搅拌至没有粉粒后，继续用胶铲不断将原料拍在碗边拌匀。

2 准备两张烘焙纸，把做法 **1** 中的面团揉成球置于其中一张烘焙纸上，撒上黑胡椒碎后，再盖上另一张。用手掌把面团压成厚度约 1cm，长宽约 10cm×15cm 的长方形面饼，连烘焙纸一起送入冰箱冷藏 1 小时以上。

3 取出做法 **2** 中的面团，纵向划 3 刀、横向划 1 刀，再将切好的 8 小块各对半切作三角形，排列在铺好烘焙纸的烤盘上，每块用竹签扎 3 个小孔。送入预热至 170℃ 的烤箱内烘烤 25 分钟左右。之后取出烤盘放凉即可。

雪球

它那憨态可掬，圆滚滚的外表，和在口中崩落消融的口感，
是源自烘烤之前，躺在冷藏室里充分休息的时间。
这样的美味竟然只需简简单单的3个步骤，感动是毋庸置疑的了。

可可雪球

这种甜饼，用雪白的糖粉包裹着苦味的可可饼底。
咬下第一口，那令人惊异的松脆就会夺走你的心。

[材料] 18~19 个用量

A 低筋面粉 … 50g
扁桃仁粉 … 20g
可可粉 … 1 小匙

烘焙碧根果仁 … 30g
无盐黄油 … 50g
砂糖 … 30g
糖粉 … 适量

[事前准备]

• 材料 **A** 中的低筋面粉过筛。
• 烘焙碧根果仁切碎。
• 无盐黄油用微波炉弱火加热 30~40 秒至软化。

[做法]

1.混匀

软化后的无盐黄油、砂糖倒入不锈钢碗。

用胶铲抹平拌匀。

加入烘焙碧根果仁碎、**A** 中材料。

继续用胶铲不断将原料拍在碗边拌匀。

2.揉成团，再冷藏

取适量面团，在掌中搓成直径约 2.5cm 的圆球。

排列在长方形托盘中，盖上保鲜膜，放入冰箱冷藏半小时。

3.烤制

将冷藏好的面团隔开距离排列在铺好烘焙纸的烤盘上，送入预热至 170℃的烤箱内烘烤 20 分钟左右，直到表面微微上色。

取出烤盘放凉后，滚或撒上糖粉均可。

姜味可可雪球

生姜的风味点缀其中，食后回味无穷。

如果有，配方中使用的砂糖和生姜末也可以用20g姜糖①代替！

[材料] 18~19 个

A 低筋面粉 … 50g
  扁桃仁粉 … 20g
  可可粉 … 1 小匙（2g）
无盐黄油 … 50g
砂糖 … 30g
生姜末 … 10g
糖粉 … 适量

[事前准备]

• 材料 **A** 中的低筋面粉过筛。
• 无盐黄油用微波炉弱火加热 30~40 秒
  至软化。

[做法]

1 软化后的无盐黄油、砂糖、生姜末倒入不锈钢碗。用胶铲抹平拌匀，加入 **A** 中材料，继续用胶铲不断将原料拍在碗边拌匀。

2 取适量面团，在掌中搓成直径约 2.5cm 大的圆球。排列在长方形托盘中，盖上保鲜膜，放入冰箱冷藏半小时。

3 将做法 **2** 中冷藏好的面团隔开距离排列在铺好烘焙纸的烤盘上，送入预热至 170℃的烤箱内烘烤 20 分钟左右，直到表面微微上色。取出烤盘放凉后，滚上糖粉即可。

蓝莓黑雪球

将等量的可可粉和细砂糖均匀混合后撒在雪球上吧。

如果有剩余，还可以加水调成糊状，摇身一变成为可可饮料。

[材料] 18~19 个

A 低筋面粉 … 55g
  扁桃仁粉 … 20g
无盐黄油 … 50g
砂糖 … 30g
蓝莓干 … 18~19粒
B 可可粉、细砂糖 … 各适量

[事前准备]

• 材料 **A** 中的低筋面粉过筛。
• 无盐黄油用微波炉弱火加热 30~40 秒至
  软化。

[做法]

1 软化后的无盐黄油、砂糖倒入不锈钢碗。用胶铲抹平拌匀，加入 **A** 中材料，继续用胶铲不断将原料拍在碗边拌匀。

2 取适量面团，包一粒蓝莓干，揉成直径约 2.5cm 大的圆球，排列在长方形托盘中，盖上保鲜膜，放入冰箱冷藏半小时。

3 将做法 **2** 中冷藏好的面团隔开距离排列在铺好烘焙纸的烤盘上，送入预热至 170℃的烤箱内烘烤 20 分钟左右，直到表面微微上色。取出烤盘放凉后，滚或撒上材料 **B** 中混合后的粉末即可。

---

① 此处的姜糖为日本姜糖，与中国姜糖做法基本一致，但日本姜糖不含糯米粉。——译者注

意式脆饼

这种甜饼把意大利语中意为"两次烘焙"的单词直接拿来做了名字。
第一次烤制后切片，让它得以保持形状不会破碎，最终出炉的成品棱角分明、片片挺立。

因为意式脆饼必须烤得又干又脆，享用时可以浸过咖啡或牛奶再吃。

腰果可可脆饼

微苦的香味让人难以自拔，这是属于成年人的零食。
即使是对于不擅长应付甜食的人，这款甜饼也会让他们笑逐颜开。

[材料] 约 13 片用量

A 低筋面粉 … 100g
扁桃仁粉 … 50g
可可粉 … 15g
泡打粉 … 1/2 小匙

B 中号鸡蛋（重约 60g）
… 1 个
细砂糖 … 60g
盐 … 1 小撮
烘焙腰果 … 50g

[事前准备]

• A 中材料混合后过筛。

[做法]

1.混匀

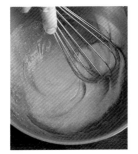

B 中材料加入不锈钢碗，用打蛋器打至颜色泛白。

加入 **A** 中材料，用胶铲搅拌至表面没有粉粒。

加入烘焙腰果，用面团埋住烘培腰果，将其充分揉入。

2.调整形状

3.烤制

面团置于铺好烘焙纸的烤盘上，将形状整理为约 20cm×5cm 的椭圆形，并抚平面团表面。

送入预热至 170℃ 的烤箱内烘烤 20 分钟左右，取出面团，趁热斜刀切成约 1.5cm 宽的厚片。

将厚片排列于铺好烘焙纸的烤盘上，送入预热至 150℃ 的烤箱内继续烘烤 40 分钟左右。取出烤盘放凉。

意式脆饼

02# 枫糖浆碧根果可可脆饼

可可和坚果的风味在这种朴素的曲奇中发挥得淋漓尽致。
若要饮几杯红酒，它会作为下酒小吃大受欢迎。

[材料] 约 13 块用量

烘焙碧根果仁 … 50g

A 低筋面粉 … 110g

扁桃仁粉 … 50g

可可粉 … 15g

泡打粉 … 1/2 小匙

B 中号鸡蛋（重约 60g ） … 1 个

枫糖浆 … 2 大匙

盐 … 1 小撮

[事前准备]

• 烘焙碧根果仁切碎。
• **A** 中材料混合后过筛。

[做法]

1 **B** 中材料加入不锈钢碗，用打蛋器打至颜色泛白。加入 **A** 中材料，用胶铲搅拌至表面没有粉粒后，加入烘焙碧根果仁碎，均匀揉入面团。

2 做法 **1** 中的面团置于铺好烘焙纸的烤盘上，将形状整理为约 20cm×5cm 的椭圆形，并抚平面团表面。送入预热至 170℃ 的烤箱内烘烤 20 分钟左右，取出面团，趁热斜刀切成约 1.5cm 宽的厚片。

3 将厚片排列于铺好烘焙纸的烤盘上，送入预热至 150℃ 的烤箱内继续烘烤约 40 分钟。取出烤盘放凉。

意式脆饼

03# 椰香黑巧片脆饼

蜂蜜味的面团搭配清香的椰丝，从味道到口感既和谐又舒爽。
每一块，每一口，都能让你切实感受到材料的本真美味。

[材料] 约 13 块用量

黑巧克力 … 1 板

A 低筋面粉 … 110g

扁桃仁粉 … 50g

泡打粉 … 1/2 小匙

B 中号鸡蛋（重约 60g ）… 1 个

蜂蜜 … 2 大匙

盐 … 1 小撮

椰丝 … 30g

[事前准备]

• 黑巧克力切碎。
• **A** 中材料混合后过筛。

[做法]

1 **B** 中材料加入不锈钢碗，用打蛋器打至颜色泛白。加入 **A** 中材料、椰丝，用胶铲搅拌至表面没有粉粒后，倒入黑巧克力碎拌匀。

2 做法 **1** 中的面团置于铺好烘焙纸的烤盘上，将形状整理为约 20cm×5cm 的椭圆形，并抚平面团表面。送入预热至 170℃ 的烤箱内烘烤 20 分钟左右，取出面团，趁热斜刀切成约 1.5cm 宽的厚片。

3 将厚片排列于铺好烘焙纸的烤盘上，送入预热至 150℃ 的烤箱内继续烘烤约 40 分钟。取出烤盘放凉。

司康饼

所谓司康饼的精髓，那便是表皮酥脆，内部却松软绵润，入口即化。

想做出这样的司康饼，最重要的就是"冷藏到最后一秒"和"手一定要快"！

另外制作过程中，要努力不让黄油融化，把它们捏成干爽的粉粒吧。

全麦巧克力司康饼

全麦粉的香味配上爆浆的黑巧克力堪称一绝。
唯有亲手制作，才能享受到司康饼新鲜出炉时那最美味的瞬间。

[材料] 5个用量

黑巧克力 … 1 板

A 低筋面粉、全麦粉 … 各 100g

　　 泡打粉 … 2 小匙

B 蛋黄 … 1 个

　　 牛奶 … 100ml

　　 细砂糖 … 20g

　　 盐 … 1/3 小匙

无盐黄油 … 80g

扑面 ①、牛奶 … 各适量

① 为防止和面时面团粘连撒上的面粉称为扑面，一般可以直接用配方中的面粉，也可用不易吸水的高筋面粉代替。——译者注

[事前准备]

- A 中材料混合后过筛，B 中材料事先混合均匀。各冷藏 30 分钟左右。
- 无盐黄油切作 1cm 见方的小块，冷藏，待用时取出。
- 黑巧克力切碎。

[做法]

1. 混匀

将 **A** 中材料与无盐黄油块倒入不锈钢碗，用卡片或餐叉反复切拌。

进一步指压或用双手抓揉，快速揉碎原料。

令无盐黄油和面粉混合作沙砾状。

加入 **B** 中材料，用胶铲翻拌至没有粉粒。

2. 调整形状

3. 烤制

加入黑巧克力碎，均匀揉进面团。

案板上撒好扑面，取出面团置于其上，面团表面也撒上扑面。用手按平面团，压成厚度约 3cm，长宽均 12cm 左右的面饼。

将面饼四边各切掉 1cm，成为标准的正方形后对半切开，再各自沿着对角线对半切开，最终获得共 4 块三角形面团。之前切下来的边角料揉团。

将做法 **2** 中切好的三角形面饼和边角料团排列于铺好烘焙纸的烤盘上，表面薄刷一层牛奶。送入预热至 190℃的烤箱内烘烤约 18 分钟。取出烤盘，转移到蛋糕冷却架上放凉即可。

司康饼 02# 白巧葡萄干司康饼

配方中使用的白巧克力那温柔、恬淡的甜味能与整块面团揉合在一起。
而凝结了美妙风味的葡萄干，将会提供细腻又浓厚的口感!

[材料] 5 个用量

白巧克力 … 1 板
A 低筋面粉、全麦粉 … 各 100g
　泡打粉 … 2 小匙
B 蛋黄 … 1 个
　牛奶 … 100ml
　细砂糖 … 20g
　盐 … 1/3 小匙
无盐黄油 … 80g
葡萄干 … 50g
扑面、牛奶 … 各适量

[事前准备]

• **A** 中材料混合后过筛，**B** 中材料事先混合
　均匀。各冷藏 30 分钟左右。
• 无盐黄油切作 1cm 见方的小块，冷藏，待
　用时取出。
• 白巧克力切碎。

[做法]

1 将 **A** 中材料与无盐黄油块倒入不锈钢碗，用卡片
或餐叉切拌均匀后，双手抓揉捏碎原料，令无盐
黄油和面粉混合作沙砾状。加入 **B** 中材料，用胶
铲翻拌至没有粉粒，加入白巧克力碎和葡萄干，
均匀揉进面团。

2 案板上撒好扑面，取出面团置于其上，面团表面
也撒上扑面。用手按平面团，压成厚度约 3cm，
长宽均 12cm 左右的面饼。将面饼四边各切掉
1cm，成为标准的正方形后，横、竖各切一刀作 4
等份。之前切下来的边角料揉团。

3 将做法 **2** 中切好的 4 等份面饼和边角料团排列于
铺好烘焙纸的烤盘上，表面薄刷一层牛奶。送入
预热至 190℃的烤箱内烘烤约 18 分钟。取出烤盘，
转移到蛋糕冷却架上放凉即可。

司康饼 03# 黑芝麻红豆可可司康饼

不使用黄油，只靠食用油，降低了它的制作难度。
口感清淡的司康饼底与韵味深厚的红豆也很搭。

[材料] 5 个用量

A 低筋面粉 … 150g
　全麦粉 … 40g
　可可粉、泡打粉 … 各 2 小匙
B 蛋黄 … 1 个
　牛奶 … 100ml
　细砂糖 … 20g
　盐 … 1/3 小匙
C 黑芝麻碎 … 50g
　米糠油（或色拉油）… 2 大匙
甜纳豆（红豆制）… 50g
扑面、牛奶 … 各适量

[事前准备]

• **A** 中材料混合后过筛，**B** 中材料事先混合
　均匀。各冷藏 30 分钟左右。

[做法]

1 将 **C** 中材料加入不锈钢碗，搅匀。加入 **A** 中材料，
用餐叉均匀切拌后，双手抓揉捏碎原料，令米糠
油和面粉混合作沙砾状。加入 **B** 中材料，用胶
铲翻拌至没有粉粒，加入甜纳豆，均匀揉合进面
团中。

2 案板上撒好扑面，取出面团置于其上，面团表面
也撒上扑面。用手按平面团，压成厚度约 3cm，
长宽均 12cm 左右的面饼。将面饼四边各切掉
1cm，成为标准的正方形后，竖切三刀作 4 等份。
之前切下来的边角料揉团。

3 将做法 **2** 中切好的 4 等份面饼和边角料团排列于
铺好烘焙纸的烤盘上，表面薄刷一层牛奶。送入
预热至 190℃的烤箱内烘烤约 18 分钟。取出烤盘，
转移到蛋糕冷却架上放凉即可。

关于厨具

只要准备几样家常的烹调厨具，不论蛋糕还是曲奇都能轻松完成。
为了制作过程能够顺畅进行，对尺寸的拿捏和手感都很重要，
以下是本书食谱中用到的厨具，读者可以参考。

□ 不锈钢碗

直径 20~22cm。碗的尺寸太大或太小都会增加搅拌作业的难度，因此这个型号应该刚刚好。

□ 胶铲

把手和铲头一体化的硅胶铲。它易清洗，好打理，因此可以保证卫生，同时也方便烹调过程中施力。

□ 打蛋器

总长 27cm。最好和不锈钢碗一起选购，购买时可以试着把打蛋器放进不锈钢碗，如果整个手柄部分能正好露出碗边，就是最适合搅拌、使用的尺寸了。

□ 卡片

掰一掰会微微弯曲的硬度最合适。选择贴合手掌尺寸的形状为佳。

□ 托盘

本书中使用的托盘尺寸为20.5cm×16cm×3cm，导热、冷却性能均良好的搪瓷制。使用同样大小的不锈钢制托盘代替亦可。

□ 烘焙纸

它能防止面团粘在烤盘或模具上，是制作点心时不可或缺的重要道具。烘焙纸分为一次性烘焙纸和可供多次使用的烘焙油布，按照个人喜好自由选择即可。

□ 模具

除托盘以外，本书中用到的模具还有"玛芬模具（27cm×18cm×3cm）""长方形磅蛋糕模具（18cm×8cm×6cm）""圆形模具（直径15cm）"等。根据材质不同，价格会有较大的差异，用商店中出售的纸质模具代替亦可。另外按照本书中的配方，制作磅蛋糕时完全可以用圆形模具代替。反之，法式巧克力蛋糕配方的原料配比也已经调整为能直接以长方形模具代替圆形模具使用的比例，读者实际操作时只需使用手边已有的模具即可。

关于食材

此处介绍本书必用的几种原料。

没有使用特殊原料，这些都是在超市就可以买到的东西。

若读者还处于购置原材料阶段，或是正在烦恼应该购买什么，请务必仔细阅读以下部分。

☐ 巧克力

　　全部使用板状巧克力。虽然可可味浓厚的黑巧克力用得较多，但也可以用甜味柔和的牛奶巧克力代替。另外，若配方中用到红茶或水果等需要突出香气和味道的材料时，推荐使用白巧克力。

☐ 低筋面粉

　　种类繁多，使用附近超市能买到的常见品牌就足够了。但是，由于开封后需要尽快食用完毕，常温环境下最好在 3~4 周内用完。如果比较困难的话，可以移入密封容器冷藏保存。

☐ 可可粉

　　根据种类不同，味道会有区别，做点心时最好选择可可含量 100% 的无糖品种！可以增添一层美味，香气也会更加扑鼻。另外，开封后请密封冷藏，这样能够更加持久地保存它的美味。

☐ 砂糖

　　本书中的"砂糖"全部是"蔗糖"。在注重风味的多样性时使用蔗糖，而甜味纯净没有杂质的细砂糖和糖粉用来提味非常方便。

□ 黄油

本书选择无盐黄油。它能改善面团的风味，丰富味觉层次，且能带来绵润的口感。另外，软化黄油时如果直接放置在常温环境自然融化，它的香气和味道都会流失，因此推荐使用微波炉。软化需多次加热，每次 10 秒左右，一边操作一边观察黄油的状态即可。

□ 油

油能决定面团的质感，本书中使用的均为米糠油。比起橄榄油、菜籽油，米糠油没有很浓烈的气味，味道比较单纯，因此非常适合用来做点心。它能够很好地突出其他食材的本味，不会抢走风头。

□ 泡打粉

它的职责是让面团膨松，制作点心时必不可少。如果开封后放置的时间过长，它的发面效果会减弱，需要注意。保存时注意严格密封，存放在常温环境下，并且最好半年内全部用完。

□ 鸡蛋

蛋黄能让面团的口感更加湿润，并且可以丰富点心的味道，蛋清则能让面团蓬松，烤出来的点心松脆无比。另外，每只鸡蛋尺寸有别，除了必须使用"中号鸡蛋（重约 60g）"的意式脆饼以外，其他食谱中的"中号鸡蛋"和"大号鸡蛋（重64~70g）"均可以互相代用。

关于包装

送礼物给家人、友人和珍视之人时，
如果点心做得非常成功，自然也会希望把包装包得工整漂亮。
以下会提到几种用身边常见材料进行包装的简易方法，还请有兴趣的读者务必一试。

本身外形就很漂亮的曲奇，要装在透明的袋子里！再用订书机订上一张纯白卡片，还可以写几句简短的留言呢。

蛋糕每块都单独用烘焙纸包好，把两头拧一拧就能封口了。还可以按照个人喜好贴上纸胶带，这样会给人留下更加精致的印象。

形状可爱的玛芬蛋糕用烘焙纸包好后，把上端拧紧固定就可以。再添上几朵人造花或香草装饰，成品外观就能更上一层楼啦。

充分利用空果酱瓶，还可以系上丝带点缀。如果可以，和点心一起在瓶里放一小包干燥剂（硅胶制），让美味更加持久。

做果冻时用的透明容器很适合塞满尺寸较小的糕点。盖子贴上纸胶带，可以作为点缀。

在木制烘焙模具"帕尼木模"①中铺好纸，放进切好的蛋糕。再装进透明袋子，用麻线或丝带在外面打个结，就大功告成啦。

磅蛋糕和法式巧克力蛋糕可以整个儿用烘焙纸包起来。再用稍粗的丝带绕好打个结，就能突出这份礼物的特别了。

曲奇排列好后装入小型铝箔盒，再套上透明袋子。这样不仅方便携带，而且里面的点心不会变形，这也是一大优点。

① 原书中提到的是法国 PANIBOIS 公司生产的木质模具 "PANI MOULE"，为杨木制。读者可考虑用纸盒或其他形似物品代替。——译者注

巧克力"不烘焙"

生巧克力

完成度这样高的成品，竟然在自己家就能动手做，真令人感动！
送进口中瞬间融化，之后的你将沉浸在幸福的余韵之中。

[**材料**] 装入一个 20.5cm×16cm×3cm 的托盘所需的用量

黑巧克力 … 3板

A 生奶油（脂肪含量 40% 以上）… 90ml

  蜂蜜 … 1/2 大匙

可可粉 … 适量

[**做法**]

1 黑巧克力掰碎，放入不锈钢碗隔水加热熔化。

2 **A** 中材料倒入小锅，中火加热到冒出蒸汽的程度，倒进做法 **1** 中的不锈钢碗，之后，将打蛋器竖在碗中，一边注意不要混入空气一边慢慢搅拌。

3 将做法 **2** 中的液体倒入事先铺好烘焙纸的托盘，冷藏 2 小时定型。取出后，放在事先撒好可可粉的案板上，切作 3cm 见方的小块，最后再撒一层可可粉。

要点

搅拌时如果混进空气，成品中会出现气泡，口感就会变差。因此不要着急，用打蛋器慢慢地、大弧度地画圆，来让原料均匀混合吧。

如果直接碰触巧克力，巧克力会被体温熔化，请让手指和巧克力都充分沾满可可粉之后再切块。

本书同样会介绍不必烘焙也很美味的巧克力点心!
在此就以无论谁吃都会惊讶地说"好好吃哦!"的"生巧克力"和"热巧克力"为例,
请大家享受这在家就能做出来的纯正地道巧克力风味吧。

热巧克力

可可粉与香辛料完美结合; 空闲时间来一杯, 悠然又安心
按照自己喜欢的方式, 热饮和冷饮都可以。

[**材料**] 视情况而定

A 细砂糖 … 3 大匙

　可可粉 … 2 大匙

　肉桂粉 … 少许

　小豆蔻粉（如果有）… 少许

姜汁 … 2 小匙

水 … 50ml

[**做法**]

1　**A** 中材料倒入不锈钢碗, 用较小的打蛋器搅拌均
　　匀。加入姜汁搅拌后, 逐步加水搅拌稀释。

　　※ 在这个状态下倒进容器密封冷藏, 可以保存 5~6 天。

2　杯中加入一大匙做法 **1** 中的液体, 注入约 150ml
　　（另行准备）热牛奶（或豆奶）, 搅拌均匀。

要点

姜汁和可可粉搭配,
让暖身效果倍增! 只要一
杯下肚, 暖意渗透全身。

水一口气加得太多往
往会导致结块。一点一点
加水调制成顺滑的糊状
就好。

点心，我的醒时梦中之景

我从小就喜欢点心，所以高中毕业后马上就去点心铺工作了。那是我第一次看到那么大的烤箱和搅拌机，还有堆成山的砂糖和鸡蛋，当时我就为它们着迷，我的生活真可以说清一色地被点心填满了！从那以后，我就越来越热衷于这个世界。

并且也是从那时候开始，休息日我会去找事先看好的店铺边逛边吃。为了最大限度利用零用钱——尽可能全部用来购买点心，我一直是去时坐电车，手上拿着地图册逛遍想逛的店，然后花上好几个小时走路回家。而不知何时，那本地图册就被店名和我吃过的点心记录填得满满当当，我的喜好在上面可以说一目了然。

只是，某一天我逛巧克力点心专卖店的时候，人生第一次"在吃货之战中一败涂地"。逛第一家店时我还在为味道的细腻和各不相同而感动，从第三家店开始已经是摸不着头脑，到逛完第五家干脆一屁股坐在路边了……

不过，即便吃了这次"败仗"，也不会简简单单就被"打倒"，这正是我的优点（笑）。以这一天为界，回头看看我曾写下的所有笔记，发现我的评价缺乏统一的方针，虽然打着学习的旗号，却只吃了自己想吃的东西而已。这让我领悟到，我得有计划地品尝、对比，让舌头在好的意义上养成习惯，最终要能够冷静地分析这些味道。从那以后，我的美食之旅就总会确定一个主题，比如"法式巧克力蛋糕之日""草莓奶油蛋糕之日""奶酪蛋糕之日""泡芙之日"等。

现在的我正热衷于研究便利店里卖的甜点，以及各大厂商生产的零食、冰激凌和面包。作为一名料理研究人员，为了想出适合家庭制作的食谱，如果只吃点心铺里的商品，就算能学到东西也无法作为参考，这样即便自己试着做，也只会做出低了几档的拙劣仿制品而已。因此，只有便利店货架上那些又便宜又亲民的甜点和畅销商品，以及每个季节独有的新品，才能让现在的我从中获益。

……呃，一不留神就夸夸其谈了，其实我就是非常喜欢点心而已。便利店一旦上架新的甜品，我就会很好奇有什么变化，开开心心地买来边吃边比较。而且尤其是巧克力点心，我会追着每个季节里随时贩售的新商品，观察它的口味新搭配，食材如何使用，还有流行趋势，一边吃一边和往年的版本对比。话又说回来，比如外面裹着巧克力的椒盐卷饼，还有那些蘑菇形、竹笋形的点心，花样出得也太多了，要跟上新商品的趋势真是很不容易。作为粉丝，真不知道该说开心还是头疼，只好总是拼了命地追赶最新的潮流。

点心专卖店，便利店甜品，厂商生产的零食……虽然我今后也会一直持续我的美食之旅，不过我切身体会到，重复"吃点心，然后做点心"这个过程中的每一天，对我来说才是最开心、最幸福的时间。

蛋糕

能够享受到浓厚的巧克力风味，

且成品绵润又柔滑。

本书列举的食谱均广受好评，

不仅制作起来非常愉快，

送给珍视之人时也一定能博得对方的欢心。

还请诸位务必一试。

布朗尼

蛋糕胚兼具黏稠和湿润两大特点，这正是它的美味秘诀。
混合时需要小心，注意不要混入空气，将打蛋器竖在碗中慢慢搅拌；
再在烘焙时盯紧火候防止烤得过头，成品就会很完美啦。

布朗尼蛋糕

在原料中加入速溶咖啡，为美味增添几分浓郁口感。
大量使用的胡桃仁将成为它外形和味道的一大亮点。

[材料] 装入一个 20.5cm×16cm×3cm 的托盘所需的用量

A 黑巧克力 … 2 板
  无盐黄油 … 50g
烘焙胡桃仁 … 80g
低筋面粉 … 50g

B 咖啡粉 … 1/2 小匙
  鸡蛋 … 2 个
  细砂糖 … 70g
  盐 … 1 小撮

[事前准备]

- 材料 **A** 中的黑巧克力掰碎，同无盐黄油一起放入不锈钢碗，隔水加热熔化。
- 取一半烘焙胡桃仁切碎。
- 低筋面粉过筛。

[做法]

1. 混匀

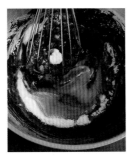  

将 **B** 中材料按配方顺序加入装有材料 **A** 的不锈钢碗，将打蛋器竖在碗中，注意不要混入空气，慢慢搅拌。

加入低筋面粉，同样竖起打蛋器慢慢搅拌。

最后加入烘焙胡桃仁碎，继续慢慢搅拌。

2. 烤制

要点

把面糊倒进铺好烘焙纸的托盘中，将剩余的烘焙胡桃仁撒在上面。

送入预热至 160℃ 的烤箱内烘烤约 23 分钟，用竹签插一插，拔出来仅有少许黏附物时即可取出，放凉。

所谓"隔水加热"，就是取一个比搅拌碗直径稍大的碗装上水，煮沸后关火，将搅拌碗放入大碗中，达到间接加热搅拌碗内原料的效果。因为不会直接加热，就可以控制软化的程度。另外，需要隔水加热的原料最好事先掰碎或切成小块，这样更容易熔化，能提高制作的效率。

棉花焦糖奶香布朗尼

熔岩般浓稠的焦糖奶糖[①]让它的美味更加奢侈。
丝滑、滋润的口感叫人笑逐颜开。

[材料] 装入一个 20.5cm×16cm×3cm 的
托盘所需的用量

A 黑巧克力 … 2 板
  无盐黄油 … 50g
焦糖奶糖（市售品）… 3~4 个
低筋面粉 … 50g
B 咖啡粉 … 1/2 小匙
  鸡蛋 … 2 个
  细砂糖 … 70g
  盐 … 1 小撮
棉花糖 … 30g

[做法]

1 将 **B** 中材料按顺序加入装有材料 **A** 的不锈钢
碗，将打蛋器竖在碗中慢慢搅拌，注意不要混
入空气。搅拌的同时依次加入低筋面粉和焦糖
奶糖块，每加入一种都用同样的方法搅拌均匀。

2 把面糊倒进铺好烘焙纸的托盘中，撒上棉花
糖。送入预热至 160℃的烤箱内烘烤约 23 分
钟，用竹签插一插，拔出来仅有少许黏附物时
即可取出，放凉。

[事前准备]

• 材料 **A** 中的黑巧克力掰碎，同无盐黄油一起放
  入不锈钢碗，隔水加热熔化。
• 焦糖奶糖切作 5mm 见方的小块。
• 低筋面粉过筛。

西梅干黑糖布朗尼

芬芳的朗姆酒与醇厚的黑糖联手打造了这款多味布朗尼。
加上西梅干恰到好处的酸味，最终造就一种绝妙的平衡。

[材料] 装入一个 20.5cm×16cm×3cm
的托盘所需的用量

A 黑巧克力 … 2 板
  无盐黄油 … 50g
低筋面粉 … 60g
B 咖啡粉 … 1/2 小匙
  朗姆酒 … 1 大匙
  鸡蛋 … 2 个
  黑糖（粉末）… 50g
  盐 … 1 小撮
西梅干 … 9~10 个

[做法]

1 将 **B** 中材料按顺序加入装有材料 **A** 的不锈钢
碗，将打蛋器竖在碗中慢慢搅拌，注意不要混
入空气。再加入低筋面粉，同样搅拌均匀。

2 把面糊倒进铺好烘焙纸的托盘中，撒上西梅干。
送入预热至 160℃的烤箱内烘烤约 23 分钟，
用竹签插一插，拔出来仅有少许黏附物时即可
取出，放凉。

[事前准备]

• 材料 **A** 中的黑巧克力掰碎，同无盐黄油一起
  放入不锈钢碗，隔水加热熔化。
• 低筋面粉过筛。

---

① 本书中提到的"焦糖奶糖"是一种日本糖果，由砂糖、生
奶油、黄油、麦芽糖混合加热后凝固而成。市面上的焦糖奶糖
多由森永公司或明治公司生产，网上可以买到。——译者注

布朗尼
04# 蜂蜜柠檬布朗迪（Blondie）

用白巧克力做的布朗尼蛋糕就叫"布朗迪"（又名金发布朗尼）。
柠檬片的清爽与它糕底的微甜十分相配。

[**材料**] 装入一个 20.5cm×16cm×3cm
的托盘所需的用量

柠檬 … 1 个
蜂蜜 … 2~3 大匙
A 白巧克力 … 2 板
　 无盐黄油 … 40g
低筋面粉 … 70g
B 鸡蛋 … 2 个
　 细砂糖 … 30g
　 盐 … 1 小撮

[**事前准备**]

• 柠檬刮去皮（皮留下备用），切成
2~3mm 的薄片，用蜂蜜浸渍 1 小时
后取出其中 9 片留作装饰，剩余的全
部切成碎末。
　※ 用蜂蜜腌渍后剩下的柠檬汁取 2 大匙备用。

• 材料 **A** 中的白巧克力掰碎，同无盐
黄油一起放入不锈钢碗，隔水加热
熔化。

• 低筋面粉过筛。

[**做法**]

1 **B** 中材料按配方顺序加入装有材料 **A**
的不锈钢碗，将打蛋器竖在碗中慢慢
搅拌，注意不要混入空气。搅拌的同
时依次加入低筋面粉、柠檬碎、2 大
匙柠檬汁和柠檬皮，每加一种都用同
样的方法搅拌均匀。

2 把面糊倒进铺好烘焙纸的托盘中，
铺上装饰用的柠檬片。送入预热至
160℃的烤箱内烘烤约 23 分钟，用竹
签插一插，拔出来仅有少许黏附物时
即可取出，放凉。

布朗尼
05#

白桃布朗迪

烘烤后仍保持水润的糕底和多汁的桃子让这款蛋糕香醇无比。
除白桃以外，用黄桃、菠萝、猕猴桃或苹果来做也能取得同样效果。

[材料] 装入一个 20.5cm × 16cm × 3cm
的托盘所需的用量

A 白巧克力 … 2 板
┃ 无盐黄油 … 50g
低筋面粉 … 70g
罐头白桃 … 4 瓣
B 鸡蛋 … 2 个
┃ 细砂糖 … 30g
┃ 盐 … 1 小撮

[事前准备]

• 材料 **A** 中的白巧克力掰碎，同无盐黄油
一起放入不锈钢碗，隔水加热熔化。
• 低筋面粉过筛。
• 罐头白桃用纸巾擦干表面水分。

[做法]

1 **B** 中材料按顺序加入装有材料 **A** 的不
锈钢碗，将打蛋器竖在碗中慢慢搅拌，
注意不要混入空气。再加入低筋面粉，
同样搅拌均匀。

2 把面糊倒进铺好烘焙纸的托盘中，铺
上罐头白桃。送入预热至 160℃的烤
箱内烘烤约 23 分钟，用竹签插一插，
拔出来仅有少许黏附物时即可取出，
放凉。

布朗尼
06#

抹茶香蕉布朗迪

微苦的抹茶底把香蕉的甘甜衬得分外鲜明。
就让我们大胆地放上香蕉，让外观更富有冲击力吧。

[材料] 装入一个 20.5cm × 16cm × 3cm
的托盘所需的用量

A 白巧克力 … 2 板
┃ 无盐黄油 … 40g
香蕉 … 1 根
B 低筋面粉 … 70g
┃ 抹茶粉 … 不足 2 大匙（约 10g）
C 鸡蛋 … 2 个
┃ 细砂糖 … 30g
┃ 盐 … 1 小撮

[事前准备]

• 材料 **A** 中的白巧克力掰碎，同无盐黄油
一起放入不锈钢碗，隔水加热熔化。
• 香蕉纵向对半切开。
• **B** 中材料混合后过筛。

[做法]

1 **C** 中材料按配方顺序加入装有材料 **A**
的不锈钢碗，将打蛋器竖在碗中慢慢
搅拌，注意不要混入空气。再加入 **B**
中材料，同样搅拌均匀。

2 把面糊倒进铺好烘焙纸的托盘中，摆
上香蕉。送入预热至 160℃的烤箱内
烘烤约 23 分钟，用竹签插一插，拔出
来仅有少许黏附物时即可取出，放凉。

玛芬

"黄油加糖打到泛白"和"面粉翻拌手速要快"
是把这种蛋糕做得好吃的两大秘诀。
让我们一起做出轻飘飘、软绵绵化在唇齿间的上等玛芬吧!

巧克力蓝莓酥粒玛芬

蓝莓加进面糊一同搅拌的话，可能会破坏它的表皮。
等搅匀倒进模具时再加蓝莓，或者烤后撒在成品上吧。

[材料] 6 个用量

黑巧克力 …1 板

A 低筋面粉 …150g
　泡打粉 …1 小匙

无盐黄油 …50g

砂糖 …80g

鸡蛋 …1 个

酸奶（无糖）…50g

蓝莓（速冻品也可）…80g

酥粒（参见下文）…适量

[事前准备]

• 黑巧克力切碎。

• **A** 中材料混合后过筛。

• 无盐黄油用微波炉弱火加热 30~
40 秒至软化。

[做法]

1.混匀

 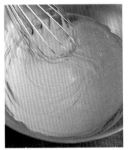  

软化后的无盐黄油、砂糖倒入不锈钢碗，用打蛋器打至颜色泛白。

加入鸡蛋，打至砂糖完全溶解。

加入酸奶和 **A** 中材料，以胶铲翻拌至不再有粉粒。

倒入黑巧克力碎，继续搅拌混匀。

2.烤制

用汤勺舀起面糊，均匀填入事先铺好蛋糕纸杯的玛芬蛋糕模。过程中，可将蓝莓分为 6 份分别嵌入杯中面糊底，再以面糊封顶。

将酥粒均等地撒于其上，送入预热至 170℃ 的烤箱内烘烤约 30 分钟取出，脱模后，置于蛋糕冷却架上放凉。

酥粒

[材料] 视情况而定

无盐黄油 … 20g

A 低筋面粉、扁桃仁粉 … 各 25g
　细砂糖 … 15g
　盐、肉桂粉 … 各 1 小撮

[做法]

1 无盐黄油切作 1cm 见方的小块，冷藏，待用时取出。

2 **A** 中材料倒入不锈钢碗快速搅匀，加入做法 **1** 中的无盐黄油块以指腹压碎后，双手进一步揉搓所有原料，直至呈粉粒状。

※ 如果做多了，可以装进容器密封，放入冰箱冷冻，能保存大约 1 周。

杧果椰子玛芬

椰丝烤得酥酥脆脆，再搭配分量十足的多汁杧果。
蛋糕中蕴含着热带的香气，带领你品尝难以言喻的美味。

[材料] 6 个用量

白巧克力 … 1 板
杧果干 … 50g
A 低筋面粉 … 150g
┃ 泡打粉 … 1 小匙
无盐黄油 … 50g
细砂糖 … 80g
鸡蛋 … 1 个
酸奶（无糖）… 60g
椰丝 … 适量

[事前准备]

• 白巧克力切碎，杧果干切作 2cm 宽
  的小条。
• **A** 中材料混合后过筛。
• 无盐黄油用微波炉弱火加热 30~40
  秒至软化。

[做法]

1 软化后的无盐黄油、细砂糖倒入不锈钢碗，用
   打蛋器打至颜色泛白。加入鸡蛋，打至细砂糖
   完全溶解。加入酸奶和 **A** 中材料，以胶铲翻
   拌至不再有粉粒，再加白巧克力碎、杧果干条，
   继续搅拌混匀。

2 用汤勺舀起面糊，均匀填入事先铺好蛋糕纸杯
   的玛芬蛋糕模，同时也将椰丝均等地撒于其上。
   送入预热至 170℃的烤箱内烘烤约 30 分钟取
   出，脱模后，置于蛋糕冷却架上放凉。

番薯杏子玛芬

微苦的可可味糕底衬出番薯干和杏子的自然甘甜。
配上日本茶，享受一番放松身心的下午茶时光。

[材料] 6 个用量

A 低筋面粉 … 120g
┃ 可可粉 … 20g
┃ 泡打粉 … 1 小匙
B 番薯干 … 40g
┃ 杏干 … 40g
无盐黄油 … 50g
细砂糖 … 80g
鸡蛋 … 1 个
酸奶（无糖）… 60g

[事前准备]

• **A** 中材料混合后过筛。
• **B** 中材料各切作 2cm 大的小块。
• 无盐黄油用微波炉弱火加热 30~40
  秒至软化。

[做法]

1 软化后的无盐黄油、细砂糖倒入不锈钢碗，用
   打蛋器打至颜色泛白。加入鸡蛋，打至细砂
   糖完全溶解。加入酸奶和 **A** 中材料，以胶铲
   翻拌至不再有粉粒，再加入 **B** 中切块的材料，
   继续搅拌混匀。

2 用汤勺舀起面糊，均等地填入事先铺好蛋糕纸
   杯的玛芬蛋糕模。送入预热至 170℃的烤箱内
   烘烤约 30 分钟取出，脱模后，置于蛋糕冷却
   架上放凉。

橙子巧克力可可酥粒玛芬

酸甜可口的柑橘味和巧克力可谓最佳拍档。
从果皮到果肉完完整整地利用整只橙子，让美味加倍。

[材料] 6 个用量

黑巧克力 ⋯ 1 板
糖渍橙子（做法见右侧）⋯ 1 个
A 低筋面粉 ⋯ 150g
　泡打粉 ⋯ 1 小匙
无盐黄油 ⋯ 50g
砂糖 ⋯ 80g
鸡蛋 ⋯ 1 个
酸奶（无糖）⋯ 50g
碎橙皮 ⋯ 1 个橙子的分量
可可酥粒（做法见右侧）⋯ 适量

[事前准备]

• 黑巧克力切碎。糖渍橙子取 6 片用作装饰，其余切作 1cm 见方的小块。
• **A** 中材料混合后过筛。
• 无盐黄油用微波炉弱火加热 30~40 秒至软化。

[做法]

1 软化后的无盐黄油、砂糖倒入不锈钢碗，用打蛋器打至颜色泛白。加入鸡蛋，打至砂糖完全溶解。加入酸奶和 **A** 中材料，以胶铲翻拌至不再有粉粒，加入黑巧克力碎、糖渍橙子块、碎橙皮，继续搅拌混匀。

2 用汤勺舀起面糊，平均填入事先铺好蛋糕纸杯的玛芬蛋糕模，再将可可酥粒也均等地撒于其上，最后各盖一片糖渍橙子。送入预热至 170℃ 的烤箱内烘烤约 30 分钟取出，脱模后，置于蛋糕冷却架上放凉。

可可酥粒
—
[材料] 视情况而定

无盐黄油 ⋯ 20g
A 低筋面粉、扁桃仁粉 ⋯ 各 15g
　细砂糖 ⋯ 15g
　可可粉 ⋯ 5g
　盐 ⋯ 1 小撮

[做法]

1 无盐黄油切作 1cm 见方的小块，冷藏，待用时取出。

2 **A** 中材料倒入不锈钢碗快速搅匀，加入做法 **1** 中无盐黄油块以指腹压碎后，双手进一步揉搓所有原料，直至呈粉粒状。

※ 如果做多了，可以装进容器密封，放入冰箱冷冻，能保存大约 1 周。

糖渍橙子
—
[材料] 视情况而定

橙子（已削皮）⋯ 1 个
A 细砂糖 ⋯ 50g
　水 ⋯ 150ml

[做法]

1 橙子切作 5mm 的薄片。

2 将 **A** 中材料倒入小锅，中火加热至沸腾，加入做法 **1** 中的橙片。再次煮沸后，转小火炖煮 10 分钟左右，待橙片边缘白色部分变透明时关火放凉即可。

炼乳奥利奥玛芬

直接用手大胆掰碎的奥利奥饼干让这种蛋糕引人注目。
它能同时满足你的心和你的胃，让你感激它惊人的实惠。

[材料] 6 个用量

A 低筋面粉 … 150g
泡打粉 … 1 小匙
无盐黄油 … 50g
砂糖 … 50g
炼乳 … 2 大匙
鸡蛋 … 1 个
酸奶（无糖）… 30g
奥利奥饼干 … 8 枚

[事前准备]

• **A** 中材料混合后过筛。
• 无盐黄油用微波炉弱火加热 30~40
秒至软化。

[做法]

1 软化后的无盐黄油、砂糖、炼乳装入不锈钢碗，
用打蛋器打至颜色泛白。加入鸡蛋，打至砂糖
完全溶解。加入酸奶和 **A** 中材料，以胶铲翻
拌至不再有粉粒。

2 用汤勺舀起面糊，平均填入事先铺好蛋糕纸杯
的玛芬蛋糕模，再将掰作 2~3 等份的奥利奥
饼干块均等地嵌入面糊中。送入预热至 170℃
的烤箱内烘烤约 30 分钟取出，脱模后，置于
蛋糕冷却架上放凉。

巧克力酥粒玛芬

可可酥粒和可可糕底构成它特殊的美味。
巧克力爱好者一定难以自持，它那香浓醇厚的味道让人上瘾。

[材料] 6 个用量

黑巧克力 … 1 板
A 低筋面粉 … 120g
可可粉 … 20g
泡打粉 … 1 小匙
无盐黄油 … 50g
砂糖 … 80g
鸡蛋 … 1 个
酸奶（无糖）… 50g
可可酥粒（做法见 P73）… 适量

[事前准备]

• 黑巧克力切碎。
• **A** 中材料混合后过筛。
• 无盐黄油用微波炉弱火加热 30~40
秒至软化。

[做法]

1 软化后的无盐黄油、砂糖装入不锈钢碗，用打
蛋器打至颜色泛白。加入鸡蛋，打至砂糖完全
溶解。加入酸奶和 **A** 中材料，以胶铲翻拌至
不再有粉粒，加入巧克力碎继续搅拌混匀。

2 用汤勺舀起面糊，平均填入事先铺好蛋糕纸杯
的玛芬蛋糕模，再将可可酥粒也均等地撒于其
上。送入预热至 170℃的烤箱内烘烤约 30 分
钟取出，脱模后，置于蛋糕冷却架上放凉。

磅蛋糕

为了不让面粉与黄油、巧克力分离，
加入材料的时机要严格按照食谱来哦！
经由加热熔化的巧克力酱，使最终完成的磅蛋糕滋味香浓，口感醇厚。

香辛巧克力蛋糕

香料可以随意按个人喜好替换或使用家中已有的材料。
只加一点点，也能让蛋糕的风味变得深沉有内涵。

[材料] 一个 18cm×8cm×6cm 的磅蛋糕模具用量

黑巧克力 … 1 板

A 低筋面粉 … 75g
| 可可粉 … 20g
| 泡打粉 … 1 小匙
| 香料（肉桂粉、小豆蔻粉、多香
| 果粉等）… 少许

B 无盐黄油 … 90g
| 细砂糖 … 50g
| 扁桃仁粉 … 30g
鸡蛋 … 2 个

[事前准备]

- 黑巧克力掰碎，放入不锈钢碗隔水加热熔化。
- **A** 中材料混合后过筛。
- 材料 **B** 中的无盐黄油用微波炉弱火加热 30~40 秒至软化。

[做法]

1.混匀

  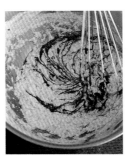 

B 中材料加入不锈钢碗，用打蛋器打至颜色泛白。

一点点加入蛋液拌匀让蛋液与材料紧密结合，避免油水分离。

加入巧克力酱，搅拌均匀。

加入材料 **A**。

2.烤制

要点

以胶铲翻拌至没有粉粒。

以胶铲将面糊盛进事先铺好烘焙纸的模具中，堆成中间凹两边高的形状，并将表面抹平。

送入预热至 170℃的烤箱内烘烤约 35 分钟取出，用竹签插一插顶部开裂的部分，没有带出黏附物即可脱模，置于蛋糕冷却架上放凉。

烘焙纸先放入模具，沿着形状折出折痕，再顺着折痕上下左右各剪1刀。这样一来它可以完美贴合模具的尺寸，蛋糕成品的形状也会很漂亮。

磅蛋糕
02#
树莓巧片蛋糕

黑和白两种巧克力联手扩充了它的甜味领域！
再配上酸酸甜甜的树莓，这美味就是至高无上的幸福。

[材料] 一个 18cm×8cm×6cm 的磅蛋糕模具用量

巧克力（黑、白）… 各 1 板

A 低筋面粉 … 100g
   泡打粉 … 1 小匙

B 无盐黄油 … 90g
   细砂糖 … 50g
   扁桃仁粉 … 30g

鸡蛋 … 2 个
树莓（速冻品也可）… 50g

[事前准备]

• 白巧克力掰碎，放入不锈钢碗隔水加
　热熔化。黑巧克力切碎。

• **A** 中材料混合后过筛。

• 材料 **B** 中的无盐黄油用微波炉弱火加
　热 30~40 秒至软化。

[做法]

1 **B** 中材料加入不锈钢碗，用打蛋器打至颜
色泛白。一点点加入蛋液拌匀。加入白巧
克力酱，搅拌均匀后，加入材料 **A**，以胶
铲充分翻拌至没有粉粒。最后加入黑巧克
力碎和树莓，略作搅拌。

2 以胶铲将面糊盛进事先铺好烘焙纸的模具
中，堆成中间凹两边高的形状，并将表面
抹平。送入预热至 170℃的烤箱内烘烤约
35 分钟取出，用竹签插一插顶部开裂的部
分，没有带出黏附物即可脱模，置于蛋糕
冷却架上放凉。

磅蛋糕
03#
朗姆葡萄干巧克力蛋糕

这款蛋糕能令人享受到朗姆酒的芬芳，吃到嘴里是幸福的味道。
撒在表面扁桃仁片的香气也引得人食指大动。

[材料] 一个 18cm×8cm×6cm 的磅蛋糕模具用量

黑巧克力 … 1 板

A 低筋面粉 … 75g
   可可粉 … 20g
   泡打粉 … 1 小匙

B 无盐黄油 … 90g
   细砂糖 … 50g
   扁桃仁粉 … 30g

鸡蛋 … 2 个
市售朗姆酒葡萄干 … 50g
烘焙扁桃仁片 … 适量

[事前准备]

• 黑巧克力掰碎，放入不锈钢碗隔水加
　热熔化。

• **A** 中材料混合后过筛。

• 材料 **A** 中的无盐黄油用微波炉弱火加
　热 30~40 秒至软化。

[做法]

1 **B** 中材料加入不锈钢碗，用打蛋器打至颜
色泛白。一点点加入蛋液拌匀。加入黑巧
克力酱，搅拌均匀后，加入材料 **A**，以胶
铲充分翻拌至没有粉粒。最后加入市售朗
姆酒葡萄干，略作搅拌混匀。

2 以胶铲将面糊盛进事先铺好烘焙纸的模具
中，堆成中间凹两边高的形状，并将表面
抹平，撒上烘焙扁桃仁片。送入预热至
170℃的烤箱内烘烤约 35 分钟后取出，用
竹签插一插顶部开裂的部分，没有带出黏
附物即可脱模，置于蛋糕冷却架上放凉。

磅蛋糕
04#

红茶白巧克力蛋糕

这款蛋糕淋上满满白巧克力酱，显得高贵又华丽。
它奢侈的口感，既可以用于待客，也可以赠予他人！

[材料] 一个 18cm×8cm×6cm 的磅蛋糕
模具用量

白巧克力 … 3 板

A 低筋面粉 … 90g

泡打粉 … 1 小匙

B 无盐黄油 … 90g

细砂糖 … 50g

扁桃仁粉 … 30g

鸡蛋 … 2 个

红茶茶叶（阿萨姆）… 1 茶包（约 3g）

[事前准备]

• 取 1 板白巧克力掰碎，放入不锈钢
碗隔水加热熔化。

• **A** 中材料混合后过筛。

• 材料 **B** 中的无盐黄油用微波炉弱火
加热 30~40 秒至软化。

[做法]

1 **B** 中材料加入不锈钢碗，用打蛋器打
至颜色泛白。一点点加入蛋液拌匀。
加入熔化的白巧克力酱，搅拌均匀后，
加入材料 **A**、红茶茶叶，以胶铲充分
翻拌至没有粉粒。

2 以胶铲将面糊盛进事先铺好烘焙纸的
模具中，堆成中间凹两边高的形状，
并将表面抹平。送入预热至 170℃ 的
烤箱内烘烤约 35 分钟后取出，用竹
签插一插顶部开裂的部分，没有带出
黏附物即可脱模，置于蛋糕冷却架上
放凉。

3 剩余 2 板白巧克力掰碎加入大碗，隔
水加热熔化。浇在做法 **2** 中的成品上，
静置待白巧克力酱重新凝固。

法式巧克力蛋糕

这种巧克力蛋糕是秘藏的待客珍品，要是在家就能做该多棒呀。

由于它本身富含水分，插入竹签，拔出时略带黏附物就已大功告成了。

新鲜出炉热气腾腾自不必说，冷藏过后享用也同样美味！

法式巧克力蛋糕

巧克力的味道浓缩其中，经典又王道的美味！
这款蛋糕还添加了大量碧根果仁，吃起来非常惬意。

[材料] 一个直径 15cm 的圆模具用量

黑巧克力 … 2 板

A 低筋面粉 … 70g

可可粉 … 10g

泡打粉 … 1 小匙

无盐黄油 … 70g

细砂糖 … 50g

鸡蛋 … 2 个

烘焙碧根果仁 … 50g

[事前准备]

- 黑巧克力掰碎，放入不锈钢碗隔水加热熔化。

- **A** 中材料混合后过筛。

- 无盐黄油用微波炉弱火加热30~40 秒至软化。

[做法]

1.混匀

软化后的无盐黄油、细砂糖加入不锈钢碗，用打蛋器打至颜色泛白。

加入黑巧克力酱，快速搅匀。

逐个加入鸡蛋，加入时均需搅匀。

加入 **A** 中材料，将打蛋器竖在碗中慢慢搅拌，不要混入空气。最后加入烘焙碧根果仁略作搅拌。

2.烤制

要点

将面糊倒入事先铺好烘焙纸的模具。

送入预热至 170℃的烤箱内烘烤约 30 分钟。

用竹签插一插，若拔出时带有少许黏附物即完成，不必脱模，静置放凉即可。

烤蛋糕时若用圆形模具，那么使用市售的已剪裁好的圆形模具专用烘焙纸会比较方便。如果买不到，就自己准备一张模具底部大小的圆形纸，以及一张与模具边缘同高的长条纸吧。

甜纳豆肉桂巧克力蛋糕

肉桂的芳香，为它带来辛辣的美妙风味！
甜纳豆和巧克力香醇又入味，尝来也十分新奇！

[材料] 一个直径 15cm 的圆模具用量

黑巧克力 … 2 板

A 低筋面粉 … 70g

可可粉 … 1 大匙

泡打粉 … 1 小匙

肉桂粉 … 1/2 小匙

无盐黄油 … 70g

细砂糖 … 50g

鸡蛋 … 2 个

甜纳豆 … 80g

[事前准备]

• 黑巧克力掰碎，放入不锈钢碗隔水加热熔化。

• **A** 中材料混合后过筛。

• 无盐黄油用微波炉弱火加热 30~40 秒至软化。

[做法]

1 软化后的无盐黄油、细砂糖加入不锈钢碗，用打蛋器打至颜色泛白。加入黑巧克力酱快速搅匀后，逐个加入鸡蛋，加入时均需搅匀。加入 **A** 中材料，将打蛋器竖在碗中慢慢搅拌，不要混入空气。

2 将面糊倒入事先铺好烘焙纸的模具。撒上甜纳豆，送入预热至 170℃的烤箱内烘烤约 30 分钟。用竹签插一插，若拔出时带有少许黏附物即完成，不必脱模，静置放凉即可。

无花果威士忌巧克力蛋糕

芬芳醇香的威士忌与浓厚细腻的无花果组合在一起。
美味自然更上一层楼！不会比店里逊色哦。

[材料] 一个直径 15cm 的圆模具用量

黑巧克力 … 2 板

A 低筋面粉 … 70g

可可粉 … 10g

泡打粉 … 1 小匙

无盐黄油 … 70g

细砂糖 … 50g

B 鸡蛋 … 1 个

蛋黄 … 1 个

威士忌 … 50ml

半干无花果 … 50g

[事前准备]

• 黑巧克力掰碎，放入不锈钢碗隔水加热熔化。

• **A** 中材料混合后过筛。

• 无盐黄油用微波炉弱火加热 30~40 秒至软化。

[做法]

1 软化后的无盐黄油、细砂糖加入不锈钢碗，用打蛋器打至颜色泛白。加入巧克力酱快速搅匀后，按照配方记载顺序加入 **B** 中材料，每种加入时均搅匀。加入 **A** 中材料，将打蛋器竖在碗中慢慢搅拌，不要混入空气。

2 将面糊倒入事先铺好烘焙纸的模具。撒上半干无花果，送入预热至 170℃的烤箱内烘烤约 30 分钟。用竹签插一插，若拔出时带有少许黏附物即完成，不必脱模，静置放凉即可。

04# 菠萝巧克力蛋糕

在多汁、味美的菠萝块上，轻轻撒上一小撮黑胡椒粉。
这样不仅不会太甜，还能恰到好处地提升它的风味。

[材料] 一个直径 15cm 的圆模具用量

黑巧克力 … 2 板

菠萝 … 80g

A 低筋面粉 … 70g

┃ 可可粉 … 10g

┃ 泡打粉 … 1 小匙

无盐黄油 … 70g

细砂糖 … 50g

黑胡椒粉 … 少许

鸡蛋 … 2 个

[事前准备]

• 黑巧克力掰碎，放入不锈钢碗隔水加热熔化。

• 菠萝切作 3~4cm 见方的小块。

• **A** 中材料混合后过筛。

• 无盐黄油用微波炉弱火加热 30~40 秒至软化。

[做法]

1 软化后的无盐黄油、细砂糖、黑胡椒粉加入不锈钢碗，用打蛋器打至颜色泛白。加入黑巧克力酱快速搅匀后，逐个加入鸡蛋，加入时均需搅匀。再加入 **A** 中材料，将打蛋器竖在碗中，慢慢搅拌，不要混入空气。

2 面糊倒入事先铺好烘焙纸的模具，撒上菠萝块，送入预热至 170℃ 的烤箱内烘烤约 30 分钟。用竹签插一插，若拔出时带有少许黏附物即完成，不必脱模，静置放凉即可。

图书在版编目（CIP）数据

巧克力轻烘焙 /（日）村吉雅之著 ； 戴枫译. — 北
京 ： 北京美术摄影出版社，2019.10
　　ISBN 978-7-5592-0269-7

　　Ⅰ. ①巧… Ⅱ. ①村… ②戴… Ⅲ. ①巧克力糖—制
作 Ⅳ. ①TS246.5

中国版本图书馆CIP数据核字 (2019) 第103329号

北京市版权局著作权合同登记号：01-2018-2855

责任编辑：耿苏萌
助理编辑：杨　洁
责任印制：彭军芳

巧克力轻烘焙
QIAOKELI QING HONGBEI

[日]村吉雅之　著　戴枫　译

出　版　北京出版集团公司
　　　　北京美术摄影出版社
地　址　北京北三环中路6号
邮　编　100120
网　址　www.bph.com.cn
总发行　北京出版集团公司
发　行　京版北美（北京）文化艺术传媒有限公司
经　销　新华书店
印　刷　北京汇瑞嘉合文化发展有限公司
版印次　2019年10月第1版第1次印刷
开　本　787毫米×1092毫米　1/16
印　张　5.5
字　数　55千字
书　号　ISBN 978-7-5592-0269-7
定　价　49.00元
如有印装质量问题，由本社负责调换
质量监督电话　010-58572393